麋鹿故事

U0215913

麋鹿演化

侯朝炜 靳旭 ◎ 编著

北京科学技术出版社

图书在版编目（CIP）数据

麋鹿演化 / 侯朝炜，靳旭编著. —北京：北京科学技术出版社，2019.8
（麋鹿故事）
ISBN 978-7-5714-0305-8

Ⅰ.①麋… Ⅱ.①侯…②靳… Ⅲ.①麋鹿 – 介绍 Ⅳ.① Q959.842

中国版本图书馆 CIP 数据核字（2019）第 099992 号

麋鹿演化（麋鹿故事）

作　　者：侯朝炜　靳　旭
责任编辑：韩　晖　李　鹏
封面设计：天露霖
出 版 人：曾庆宇
出版发行：北京科学技术出版社
社　　址：北京西直门南大街16号
邮政编码：100035
电话传真：0086-10-66135495（总编室）
　　　　　0086-10-66113227（发行部）　0086-10-66161952（发行部传真）
电子信箱：bjkj@bjkjpress.com
网　　址：www.bkydw.cn
经　　销：新华书店
印　　刷：北京宝隆世纪印刷有限公司
开　　本：880mm×1230mm　1/32
字　　数：171千字
印　　张：7.625
版　　次：2019年8月第1版
印　　次：2019年8月第1次印刷
ISBN 978-7-5714-0305-8 / Q · 164

定　　价：80.00元（全套7册）

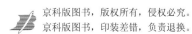

前 言

麋鹿（*Elaphurus davidianus*）是一种大型食草动物，属哺乳纲（Mammalia）、偶蹄目（Artiodactyla）、鹿科（Cervidae）、麋鹿属（*Elaphurus*）。又名戴维神父鹿（Père David's Deer）。雄性有角，因其角似鹿、脸似马、蹄似牛、尾似驴，故俗称"四不像"。麋鹿是中国特有的物种，曾在中国生活了数百万年，20世纪初却在故土绝迹。20世纪80年代，麋鹿从海外重返故乡。麋鹿跌宕起伏的命运，使其成为世人关注的对象。

目　录

麋鹿的起源

麋鹿是地球上千百万个生物物种之一，它和其他生物一样，有着漫长的演化历史。那么，麋鹿起源于何时何地？它的祖先又是谁呢？

关于麋鹿的起源，科学家们有不同的看法，但基本上可以归纳为两种观点。一种观点认为麋鹿起源于更新世早期，也就是200多万年前，起源地是中国东部温暖湿润的长江、黄河流域的平原、沼泽地区。现在很多科学家认为人类也是起源于200多万年前，麋鹿起源大致与人类同步。另外一种观点认为麋鹿起源于更新世中期。到了更新世晚期，麋鹿家族开始走向繁荣昌盛，其种群数量有所增加。

　　要说麋鹿的祖先，就要从所有鹿类动物的祖先说起。在约3800万年前的地球茂密的原始森林中生活着一种体型和野兔差不多大的小动物——古鼷鹿，它是现代鹿、鼷鹿、长颈鹿共同的祖先。随着地球环境的变迁，古鼷鹿的体型也发生了变化。到了约3000万年前的中新世，出现了现代鹿类的直系祖先——始原鹿，由此发展出现代的鹿科动物。有角的鹿是从中新世开始出现的，鹿角从不脱落到周期性地脱落、重生，鹿角的形状也逐渐变得复杂。而麋鹿是鹿科动物中进化较晚、相对较为年轻的一个物种。

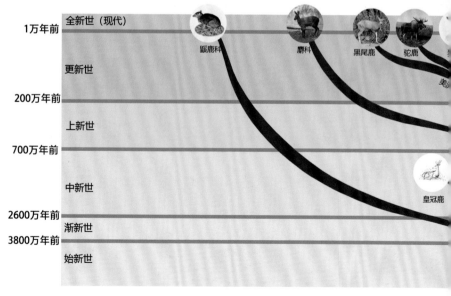

▲ 鹿类动物进化树

虽然鬃鹿科、长颈鹿和鹿有着共同的祖先，但它们并不是鹿，在"鹿类动物进化树中"只有显示为红色的分支才是鹿。现生的鹿类动物包括鹿科和麝科两个科。

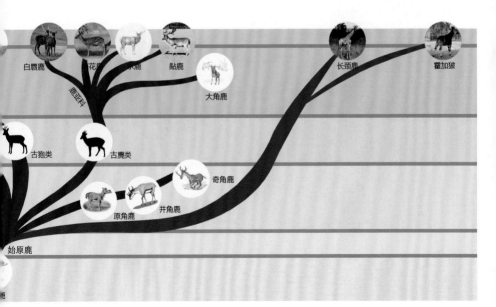

在鹿的演化过程中，鹿的体型有逐渐增大的趋势，雄鹿头骨上的鹿角也从无到有，且角的形状逐渐从简单变得复杂。在这期间，曾经出现过一些以今天的眼光看来相貌奇特的鹿，它们大部分没有留下直系后代，让人不得不感叹大自然造物的神奇与物竞天择的无情。

▲ 原角鹿

▶ 并角鹿

▲ 奇角鹿

麋鹿的进化

　　我们现在所看到的麋鹿（*Elaphurus davidianus*）是哺乳纲（Mammalia）、偶蹄目（Artiodactyla）、鹿科（Cervidae）、麋鹿属（*Elaphurus*）中唯一的现生动物。我国共有5种麋鹿出现，分别是蓝田种（*E.lantianensis*）、晋南种（*E.chinanensis*）、双叉种（*E.bifurcatus*）、台湾种（*E.formsanus*）和达氏种（*E.davidianus*）。现生麋鹿为达氏种，其他4种已灭绝。

▲ 陈列于天津自然博物馆的双叉种麋鹿角化石

　　由于除达氏种以外的其他4种麋鹿都已经灭绝，科学家只能通过化石来研究麋鹿的进化历程，而角的化石是主要的研究依据。每种麋鹿角的分叉方向和分叉数量都不一样，一般来说进化较早的鹿，角的形状简单；而进化较晚的鹿，角就相对复杂。蓝田种麋鹿角的前枝不分叉，晋南种麋鹿角刚长出来就分两个叉，而双叉种麋鹿的角则是在生长了一小段后才开始分成两个叉。我们现在在麋鹿苑里看到的麋鹿，鹿角的形状进化得非常复杂。因此，科学家推断，从进化时间来看，蓝田种应该是最古老的麋鹿，而达氏种则是麋鹿属中最年轻的一种。

麋鹿的自然分布

我们经常讲，麋鹿是一种中国特有的鹿科动物，那么它真的自古就生活在现在的中国版图之内吗？

从发现的化石可以知道，双叉种、晋南种和蓝田种的麋鹿确实只分布在中国的河北、山西、陕西等地区。达氏种的分布范围就要大很多，不仅在中国的广东、湖南、湖北、江苏、浙江、江西、安徽、河南、河北、上海、天津、北京、辽宁等地区发现过其角化石和骨骼化石，在现在的日本、朝鲜也曾经出土过麋鹿的化石。

在中国，有据可考的古麋鹿的自然分布范围西至陕西的渭河流域，北至东北大平原，向南到海南岛，东可达中国东部沿海平原和岛屿（包括中国台湾地区）。

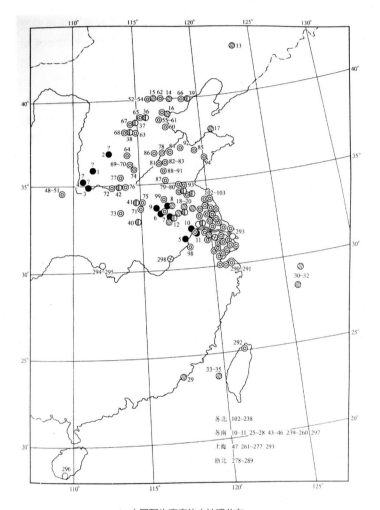

▲ 中国野生麋鹿的古地理分布

　　因此，从麋鹿的起源及几千年的人类文明史的记载来看，至少在近千年，只在中国境内有麋鹿生活。

　　《史记·秦始皇本纪》记载了一个小故事。秦二世的丞相赵高想要叛乱，又恐怕大臣们反对，就想出一个试探大臣们的方法。有一天，赵高不知道从哪里找到一只鹿，把它献给秦二世，并且对秦二世说："这是马。"秦二世哈哈大笑，说："丞相，是你傻了，还是觉得我傻呀，这明明是鹿，你怎么说是马呢？"两旁的大臣有的低头不语，有的顺着赵高说："是马是马就是马。"也有人直言是鹿。赵高暗暗地把那些说是鹿的人全都记了下来，没过多久就逐一铲除。这就是"指鹿为马"的故事。

　　赵高献给秦二世的鹿是哪种鹿呢？中国是一个鹿类资源十分丰富的国家，有十几种鹿生活在中国，而这些鹿中长得比较像马的有3种——麋鹿、马鹿、白唇鹿。马鹿分布在北方山林，白唇鹿分布在青藏高原，只有麋鹿生活在中原地区。秦代的政治中心陕西一带曾经有大量的麋鹿化石出土，陕西也是野生麋鹿分布区域的最西端。《汉书·扬雄传》也有记载："明年，上将大夸胡人以多禽兽，秋，命右扶风发民入南山，西自褒斜，东至弘农，南驱汉中，张罗罔罞罝，捕熊罴、豪猪、虎豹、狖玃、狐菟、麋鹿，载以槛车，输长杨射熊馆。"褒斜、弘农、汉中这几个地方都在陕西境内。因此，我们有理由相信，赵高送给秦二世的就是麋鹿。

▲ 麋鹿的脸比其他鹿的脸长，和马脸有几分相似

麋鹿的兴衰

麋鹿从200多万年前开始出现，经历了漫长的繁衍与进化，但数量增长非常缓慢。

麋鹿是典型的湿地物种，喜欢在湿地环境里采食鲜嫩的水草。全新世中期是气候适宜期，年均气温比现在高2~3℃，气候带北移，不仅长江中下游的气候温暖湿润、河湖纵横交错，就连地处北方的北京地区也是水网发达、湖沼棋布。在北京东郊这一时期人类活动的遗址中，发现有用麋鹿角制作的工具。考古研究证明，全新世中期是麋鹿繁盛期。同一时期，著名的人类文化有仰韶文化、龙山文化、大汶口文化、河姆渡文化、良渚文化，历经夏、商、周三代。

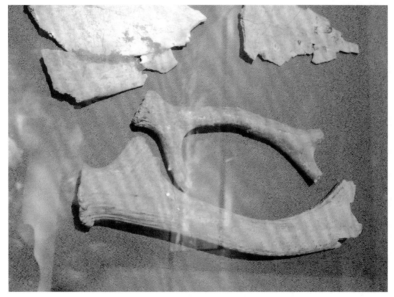

▲ 在河南安阳殷墟与甲骨文一同出土的麋鹿角

之后的全新世晚期我国气候变得寒冷干燥，海平面下降，众多的湖泊、沼泽消失，河网开始干涸。尤其是华北地区受到的影响非常大，昔日连绵的沼泽变成旱地，沧海变成了桑田。植物不如从前茂盛，麋鹿的数量迅速减少。这时候相对应的人类文化为春秋、战国以后的历史时期。

我国麋鹿数量的减少，在北方主要是因为干旱，在南方则主要是因为人类滥捕滥杀和麋鹿生存环境的破坏。

麋鹿野外灭绝

6600~5000年前的某一天，在现在的江苏省高邮市龙虬庄所在的位置上，一队身背弓箭、手拿棍棒的猎人，正在湖边寻找狩猎的目标。一个头脑灵活、目光敏锐的小伙子发现了不远处沼泽边缘一群正在低头采食的麋鹿，它们形体硕大、性情温和而且数量众多，正是狩猎的首选对象。麋鹿不仅为人们提供食物，其粗壮的肢骨和角也为人们提供了制造生产工具和生活用品的原料。猎人们看中了一头离鹿群较远、孑然一身的老年雄鹿，蜂拥而上将其捕获。雄鹿越老角就越粗，这头老鹿的角正好可以用来制成角斧、角镐、角叉，鹿骨又可以做成箭头，继续猎杀其他的鹿。

▲ 麋鹿野生场景复原图

在龙虬庄遗址上，人们发现了一个有意思的现象：遗址中出土的麋鹿肢骨和角无一例外经过了人为的切割。人用麋鹿的骨、角制成武器射杀麋鹿，食其肉之后，再用骨、角制作狩猎工具，再射杀麋鹿，如此往复循环。麋鹿在龙虬庄原始居民的经济生活中占有较大的比重，麋鹿的存在成为原始居民赖以生存的重要的经济支柱之一。从长江三角洲一些人类活动遗址均发现大量麋鹿骨骼来看，人们捕杀麋鹿和破坏其生存环境是这一地区麋鹿消亡的主要原因。

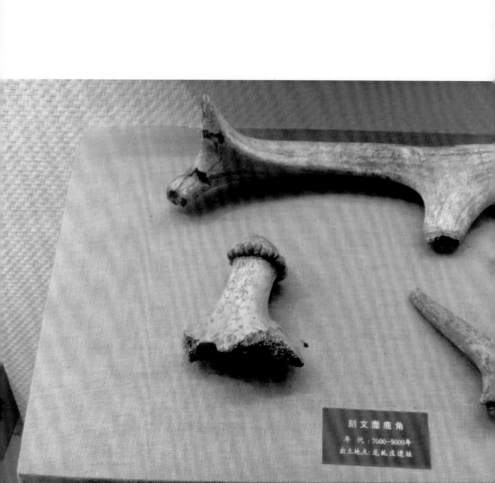

刻文麋鹿角
年　代：7000-5000年
出土地点：龙虬庄遗址

▲ 龙虬庄遗址出土的麋鹿角

　　人们在很长一段时间里以麋鹿皮为衣，以麋鹿肉为食，以麋鹿角入药，以麋鹿骨做工具。麋鹿作为一种中国特有的鹿科动物，曾经广泛分布在中国大陆的东部地区，而且数量庞大。据古籍记载，周武王伐纣以后，举行过一次大规模的狩猎活动，捕获了鹿类动物8835只，其中麋鹿占到60%，其数量之多可见一斑。但是，也正是从3000多年前的商周时期开始，麋鹿的数量迅速减少，直到1900年在它的故乡——中国灭绝，这其中最主要的原因就是生活环境遭到破坏，以及人类的滥捕滥杀。

　　由于气候变迁，长江下游曾经是野生麋鹿最后的乐土，而这里又是人烟最稠密、经济文化最发达、开发最充分的地区之一。随着人口的不断增长以及人类经济活动范围的日益扩大，野生麋鹿的生存空间越来越小。麋鹿"千百为群"的苏北"古海陵"地区，到清朝嘉庆年间只能"尚间见之"了。

麋鹿与文化

麋鹿文化源远流长。在周朝时，有些贵族就在花园中圈养麋鹿。《孟子·梁惠王章句下》中有"文王之囿方七十里"之说。《孟子·梁惠王章句上》中也有这样的一段话："孟子见梁惠王。王立于沼上，顾鸿雁麋鹿曰：贤者亦乐此乎？"因为寓意祥瑞，鹿被认为是一种瑞兽，也成为一种皇权等级的象征。

荆楚之地，地处长江中游和汉水下游，因为湖泊众多，古称云梦泽。有文献记载：荆有云梦，麋鹿满之。鹿角被广泛运用在楚式"镇墓兽"上，这一习俗从西周一直延续到汉代，这些鹿角中至少有50%是麋鹿角。

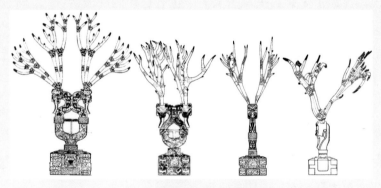

▲ 楚墓中的麋鹿角镇墓兽

▲ 荆州博物馆展出的麋鹿角镇墓兽

▲ 荆州博物馆展出的麋鹿角虎座飞鸟

在麋鹿一度繁盛的长江中下游地区，稻米是最早的农作物之一，而麋鹿与原始稻作农业有非常密切的关系。麋鹿喜欢湿地，蹄子宽大，适宜在泥泞的沼泽中行走；原始的稻田利用麋鹿踩踏过的沼泽地来播种，因为麋鹿吃剩的叶子、草根等都被踩到了泥里，很适宜稻子生长，民间称之为"麋田"。后来，随着开垦田地面积加大，驱赶麋鹿踩踏已经不现实，但人们从麋鹿那里得到启发，改为利用水牛踩踏，也可以取得同样的效果，这是农业发展史中的"蹄耕"现象。

麋鹿从更新世开始发展，到全新世中期达到全盛。但是从约3000年前的商、周以后，随着气温逐渐变冷、湿地明显减少、人类活动的增加以及捕猎工具的进步，麋鹿种群迅速衰落，野生麋鹿在自然环境中开始走向灭绝。

"灭绝意味着永远，濒危则还有时间。"幸运的是，清代末年，在北京南海子皇家猎苑里，还生活着当时世界上最后一群麋鹿，它们又给我们开启了麋鹿的另外一段传奇故事。

▲ 珍藏于北京故宫博物院的乾隆御题麋角椅

参考文献

[1]白加德. 麋鹿生物学研究［M］. 北京：北京科学技术出版社，2014.

[2]周昆叔. 中国麋鹿兴衰和保护［M］//麋鹿还家二十周年国际学术交流研讨会论文集. 北京：北京出版社，2007.

[3]游修龄. 麋鹿和原始稻作及中华文化［J］. 中国农史，2005（1）.

[4]李民昌，张敏，汤陵华. 高邮龙虬庄遗址史前人类生存环境与经济生活［J］. 东南文化，1997（2）.

[5]曹克清. 麋鹿研究［M］. 上海:上海科技教育出版社，2005.

[6]罗运兵，李刚. 楚墓出土鹿角新观察［J］. 江汉考古，2017（4）.